AF359200

LETTRE

ADRESSÉE

A M. ARAGO.

LETTRE

ADRESSÉE

A M. ARAGO,

RAPPORTEUR DE LA COMMISSION CHARGÉE D'EXAMINER LE PROJET DE LOI RELATIF A L'EMPRUNT DE 25 MILLIONS, ET A LA PROROGATION DE LA SURTAXE DES BOISSONS, A L'OCTROI DE PARIS, JUSQU'EN 1859,

PAR M. HIPPOLYTE FAURE,

DÉLÉGUÉ DES PROPRIÉTAIRES DE VIGNES DE NARBONNE.

PARIS,

TYPOGRAPHIE DE FIRMIN DIDOT FRÈRES,

IMPRIMEURS DE L'INSTITUT,

RUE JACOB, 56

1847.

LETTRE

ADRESSÉE

A M. ARAGO,

RAPPORTEUR DE LA COMMISSION CHARGÉE D'EXAMINER LE
PROJET DE LOI RELATIF A L'EMPRUNT DE 25 MILLIONS, ET
A LA PROROGATION DE LA SURTAXE DES BOISSONS, A L'OC-
TROI DE PARIS, JUSQU'EN 1859.

MONSIEUR LE RAPPORTEUR,

Le *Moniteur* d'hier, mardi 29 juin, contient, dans
son quatrième supplément, le rapport que vous venez
de soumettre à la Chambre des députés sur le projet
de loi relatif à l'emprunt de vingt-cinq millions, et à
la prorogation de la surtaxe des boissons, à l'octroi
de Paris, jusqu'en 1859.

La lettre que j'ai l'honneur de vous écrire aujour-
d'hui ne peut être un examen de ce rapport. Votre
travail est déposé; la Chambre des députés en est
saisie. C'est à la Chambre à discuter et à juger.

Si votre rapport, dans ses termes généraux, ren-

ferme des assertions peu fondées, s'il pose des conclusions peu justes, les assertions seront relevées à la
tribune; les conclusions seront combattues. Je ne
puis en douter, quand vous écrivez que les conclusions de la Commission n'ont été admises qu'à une
voix de majorité. Je ne puis en douter, quand je lis
dans votre rapport que la minorité, opposée à vos
idées, renferme des hommes qui se distinguent par
la *loyauté* et le *caractère*, des hommes *dont le sa-
voir en matière de finances et de législation est
apprécié de la France entière*. Je ne puis en douter,
quand vous constatez que ces hommes *ont obéi à une
conviction réfléchie et profonde ; que ces hommes
espèrent faire partager leur conviction à la Chambre*. Je ne puis en douter enfin, quand vous dites
que, parmi ces hommes, il y en a un *dont l'opinion,
en pareille matière, fait toujours impression sur la
Chambre*. Ces jurisconsultes profonds, ces écono-
mistes éminents, ces financiers appréciés de la
France entière vont parler ; et j'oserais les devancer
ici ! Non, non ; ce serait de l'audace ! je me tairai.

Mais, si je ne dis rien sur ce qui a un caractère
général, je dirai un mot sur ce qui m'est *personnel*.

J'avais proposé deux moyens qui, à mon avis,
suffisaient, non-seulement pour amortir l'emprunt
en six ans, non-seulement pour supprimer la surtaxe,
mais encore pour réduire de moitié les droits sur la
viande et sur le vin. Ces moyens étaient les suivants :

1° Conversion en droits d'octroi des remises attribuées à la ville sur la vente en gros.

2° Révision générale du tarif.

Vous examinez ces deux moyens, au nom de la Commission, et vous en donnez des appréciations très-diverses.

Sur le second moyen, vous me donnez trop complétement raison pour que j'insiste. Vous dites : *Rien n'est plus digne de la sollicitude de l'administration*. Pouvais-je espérer davantage? J'avais indiqué quarante-quatre articles qui, taxés dans plusieurs grandes villes, sont exempts de droits à Paris. Vous faites un calcul pour deux de ces articles; vous parlez du *sucre*, du *café*, et vous trouvez que ces deux seuls articles, ajoutés au tarif de Paris, donneraient à la ville un revenu de 1,400,000 francs. Or, une question bien simple me paraît ressortir de votre chiffre : deux articles ajoutés au tarif donneraient un million et demi; quelles ressources ne donneraient pas quarante-deux articles de plus? Ah! franchement, Monsieur le Rapporteur, je ne croyais pas avoir autant raison que vous le dites.

Après votre rapport, la question se présente donc ainsi à mes yeux :

Avec l'amortissement de l'emprunt en vingt ans, mode proposé par un membre du Conseil municipal de Paris, la surtaxe est inutile.

Avec un amortissement en douze ans, terme ordinaire des emprunts des communes; avec un amortissement en douze ans, terme que la minorité de la commission espère faire triompher devant la Chambre, la surtaxe est encore inutile.

Avec un amortissement en six ans, terme proposé par la ville de Paris, la surtaxe est aussi inutile, puisqu'il suffit d'ajouter quelques articles au tarif. Donc, dans aucun des trois cas, la Chambre des députés ne peut voter le maintien de la surtaxe.

Dans chacun de ces trois cas, il suffit d'ajouter quelques articles au tarif pour supprimer, d'abord, la surtaxe, et pour dégrever ensuite, de moitié, la viande et le vin.

Vous le voyez, Monsieur le Rapporteur, le paragraphe auquel je fais allusion, ne peut que me plaire.

Je n'ai qu'un regret, c'est que la Commission n'ait pas fait le raisonnement suivant; c'est que votre rapport n'ait pas dit :

« Le *sucre* et le *café, non taxés actuellement à Paris*, rapporteraient 1,400,000 francs, s'ils étaient taxés. Le *sel, taxé aujourd'hui* PAR LA SEULE VILLE DE PARIS, ne rapporte que 280,000 francs. En supprimant la taxe du sel, qui n'est lourde qu'au peuple; en établissant la taxe du sucre et du café, qui serait légère pour la classe aisée, la ville gagnerait encore *plus de onze cent mille francs.* Elle ferait une œuvre morale et profitable. Nous ne pensons pas qu'elle puisse hésiter. »

Ce seul regret exprimé, Monsieur le Rapporteur, je passe au véritable sujet de ma lettre; j'arrive à vos observations sur le premier moyen que j'ai indiqué.

Sous une forme exacte, vous m'opposez une assertion spécieuse. Ma réponse sera complète.

Je cite en entier le passage auquel je vais répondre :

« Dans la pétition du *délégué des propriétaires de vignes*
« *de Narbonne*, que la Chambre a renvoyée à la Commission,
« la transformation en droit d'octroi, payable à la barrière, des
« droits *ad valorem* qui se perçoivent, dans les halles d'appro-
« visionnement, sur le prix de la vente en gros du poisson d'eau
« douce, de la marée, de la volaille, du gibier, ainsi que du
« beurre et des œufs, est présentée comme devant offrir de
« *grandes ressources à la ville de Paris*.

« Le titre dont le pétitionnaire est investi, joint à un mérite
« reconnu, imposaient à vos commissaires le devoir de chercher
« ce qu'il y avait de fondé dans l'assertion si catégorique que
« nous venons de transcrire. Voici les faits :

« Des représentations de monsieur le Ministre des finances,
« ayant conduit à admettre que l'ancien mode de perception sur le
« carreau des halles n'était pas strictement conforme à la loi, le
« Conseil municipal, par une délibération du 1ᵉʳ août 1845, a
« voté la conversion du droit à la vente en une taxe d'octroi,
« laquelle, désormais, sera perçue aux barrières. Eh bien ! dé-
« duction faite du dixième de la recette, sur laquelle le trésor
« n'avait aucun prélèvement à exercer quand elle s'opérait dans
« les halles ; déduction faite aussi des frais de perception, qui
« seront beaucoup plus considérables suivant le nouveau mode,
« au lieu des *grandes ressources* que nous annonçait le pétition-
« naire, la ville éprouvera une *perte* évaluée à 443,000 fr. par
« an. »

Sur quelle base a été fait ce calcul ? Le rapport
ne le dit pas. C'était pourtant bien essentiel ! Si le
produit éventuel du droit d'octroi a été calculé *sur
les quantités vendues actuellement à la halle, et
seulement sur ces quantités*, le calcul est incomplet,
défectueux ; il doit nécessairement amener une perte

sèche. Le chiffre de 443,000 francs, cité comme une évaluation exacte de cette perte, peut, à la rigueur, être admis. En effet, le droit d'octroi, qui est destiné à remplacer le droit sur la vente, étant fixé à un taux pareil à celui de ce dernier droit, un produit égal doit en résulter; mais, comme le produit perçu à la barrière est passible du *dixième* au profit du trésor, tandis que le produit perçu à la halle en est affranchi, il en résulte qu'en définitive le droit de la barrière doit donner moins que celui de la halle. Cela est incontestable et ne peut être nié. Le droit étant le même, les quantités introduites étant les mêmes, les charges seules étant plus fortes, le produit net doit être plus faible. Je ne conteste ni ces faits, ni ces chiffres, ni ces principes; je nie seulement qu'ils s'appliquent au cas dont j'ai parlé dans ma pétition.

J'ai dit que le droit étant perçu aujourd'hui sur les seules quantités portées à la halle, il en résultait que toutes les quantités portées directement à domicile se trouvaient affranchies de droit. C'est dans la taxation de ces quantités que j'ai fait consister l'augmentation du produit. J'ai dit que ces quantités, affranchies par un mode vicieux de perception, étaient précisément consommées par la classe aisée, par celle qui peut le mieux payer l'impôt. J'ai dit, enfin, que la conversion du droit perçu à la halle en droit d'octroi serait plus juste, plus rationnelle, et produirait plus. Je l'ai dit, et je le maintiens, si le calcul a été établi sur les bases de la perception actuelle, si le calcul n'a tenu aucun compte des quantités qui échappent aux droits.

Je le maintiens encore, si le calcul a été établi à la fois sur les quantités portées à la halle, et sur les quantités qui sont présumées échapper aux droits. Un calcul basé sur des hypothèses arbitraires, sur des faits problématiques, sur des données complétement inconnues, manque à mes yeux d'exactitude. Je tiens la science financière pour très-avancée; néanmoins, je défie l'esprit le plus vaste, le calculateur le plus exercé, de me donner tout simplement le total d'une addition de deux chiffres dont un seul chiffre lui sera connu. Je le défie, à plus forte raison, de faire l'opération beaucoup plus difficile que suppose le chiffre de 443,000 francs cité dans votre rapport.

Dans le cas dont je m'occupe, ce n'est pas *un* chiffre, mais *cinq* qu'il faut deviner. Ce n'est pas *une seule* addition impossible qu'il faut faire, mais *deux*, plus une soustraction; le tout *avec un seul chiffre connu sur six!* Voici le cadre de l'opération :

Produit des droits perçus à la halle..... 1,789,075 fr. 42 c.

Produit des droits perçus sur les quantités transportées à domicile et exemptes, aujourd'hui, de droits. } *Chiffre inconnu.*

PREMIER TOTAL, *à trouver*. . . . .

De ce total, il faut extraire :

1° Les frais de perception. *Chiffre inconnu.*

2° Le *dixième* du trésor.. *Chiffre inconnu.*

SECOND TOTAL, *à trouver* . . . .

Et à extraire du premier. . . . .

Résultat. . . . .

D'après le financier que vous citez, Monsieur le Rapporteur, ce second total *inconnu*, extrait du premier total *non moins inconnu*, donnerait une perte exacte de 443.000 francs ! Permettez-moi de considérer ce résultat comme peu sérieux.

Ainsi, avec la base des seuls droits perçus à la halle, le calcul est incomplet; avec la *même base* plus l'*inconnu*, le calcul est inexact, impossible.

Voilà, Monsieur le Rapporteur, les deux premières raisons qui m'engagent à maintenir les faits que j'ai humblement recommandés à l'attention de la Chambre.

J'ai une troisième raison, bien meilleure que les deux premières. Je la produis, non pour me disculper, mais pour justifier le corps vénérable dont vous faites partie, pour défendre le Conseil municipal de Paris. Je parle pour vous et non pour moi, Monsieur le Rapporteur: vous me permettrez donc d'insister.

Je ne crois pas que, par suite de la conversion des droits de vente en droits d'octroi, la ville éprouvât une *perte*; je ne le crois pas, dans l'intérêt du Conseil municipal de Paris; je ne le crois pas, pour la réputation des esprits judicieux et des hommes éminents qui composent ce Conseil.

Si, après la conversion des droits de vente en droits d'octroi, la ville *perdait*, je me serais trompé, je le confesserais; j'en serais profondément fâché. Mais, qu'importerait l'erreur d'un homme? Qu'y aurait-il d'étonnant qu'après avoir étudié pendant quelques jours l'administration financière de la ville de Paris, je fusse arrivé à commettre une erreur? Personne, à coup sûr, n'en serait surpris. Ce qui serait étrange, ce qui serait pour tous l'objet d'un étonnement profond, ce serait que mon erreur toute récente fût, pour le Conseil municipal, une erreur ancienne, une erreur réfléchie, obstinée, compliquée de lettres aux ministres et de rapports de commissions; ce serait que mon erreur de quelques jours fût, pour le corps illustre dont vous faites partie, une erreur prolongée, une erreur de onze ans! Eh bien! telle serait la situation, si la ville de Paris *perdait*, après avoir converti les droits de vente en droits d'octroi.

J'ai peu l'habitude d'émettre des assertions sans preuves; je suivrai mon penchant ordinaire, et, comme vous, Monsieur le Rapporteur, je dirai : *Voici les faits!*

Je citerai, d'abord, deux passages d'une brochure récemment publiée par un de vos collègues du Conseil municipal, par un économiste distingué, M. Horace Say, qui étudie avec beaucoup de zèle et de soin toutes les questions qui concernent les octrois.

Je citerai ensuite les comptes de la ville de Paris, dont un exemplaire est adressé, chaque année, à chaque membre du Conseil municipal. Comme vous faites partie de ce Conseil depuis longtemps, vous devez en avoir une collection.

M. Horace Say s'exprime ainsi, à la page 15 de sa brochure, à l'occasion du droit de 10 pour 100 qui est perçu à la halle sur la volaille :

« Il est généralement reconnu que c'est un impôt
« qui pèse sur une partie seulement des consomma-
« teurs, tandis que d'autres en sont exempts. Comme
« la perception ne se fait qu'au marché, il faudrait,
« pour que rien n'échappât au droit, que tout fût
« porté à la halle. »

Le même auteur dit dans la même page :

« On a voulu corriger cet abus en cherchant à con-
« vertir les droits de marché en droits d'octroi ; les
« études ont commencé en 1836 sur ce point, et Dieu
« sait depuis lors combien de réunions de commis-
« sions ont eu lieu, combien de braves gens y ont
« perdu leur temps, combien de rapports ont été
« faits par les chefs de service, combien de mémoires
« du Préfet au Conseil, de lettres du Préfet de police,
« de communications du Ministre des finances, du
« Ministre du commerce, du Ministre de l'intérieur,
« sans que depuis onze ans la question ait avancé d'un
« pas (1). »

Voilà, Monsieur le Rapporteur, des assertions ca-
tégoriques.

En écrivant, cette année même, qu'une grande
partie échappe aux droits, M. Horace Say ne peut
pas croire que le droit perçu sur toutes les quantités
donnera une *perte*.

En s'agitant, il y a quelques années, dans le but

____

(1) *Paris, son octroi et ses emprunts*, par M. Horace Say.
— Brochure de 32 pages, chez Guillaumin, rue de Riche-
lieu, 14.

de résoudre cette question, l'administration de la ville de Paris ne croyait pas non plus à une perte. Le Conseil municipal n'y croyait pas.

Ici, je vais citer les comptes de la ville.

Le 9 juillet 1841, le Conseil municipal émit le vœu que les droits perçus à la halle sur la vente en gros fussent convertis en droits d'octroi.

Plus d'une année s'écoula. Le 2 décembre 1842, monsieur le Préfet de la Seine, en rendant compte des opérations financières de la ville de Paris, s'exprimait ainsi, devant le Conseil municipal :

« Avant de quitter cet article, je rappellerai pour « ordre que, par délibération du 9 juillet 1841, vous « avez demandé la conversion en droits d'octroi, à « partir de 1842, d'une partie des droits de remise « que je viens de signaler comme ayant été beaucoup « plus productifs qu'en plusieurs des années précé- « dentes; le Gouvernement, à qui votre délibération « a été transmise, *n'a pas encore statué* sur l'impor- « tante question qu'elle renferme. »

Ainsi, le Conseil municipal avait demandé, le 9 juillet 1841, la conversion des droits de vente en droits d'octroi. Seize mois après, le Gouvernement n'avait pas statué. Il faut en conclure, d'une part, que le Gouvernement tenait fort peu à cette conversion des droits; de l'autre, que le Préfet et le Conseil municipal y tenaient beaucoup. Une autre conséquence ressort de ma citation : quand un homme exact, quand un administrateur éclairé, comme M. le comte de Rambuteau, appelle la conversion des droits de vente en droits d'octroi, une *question importante*, on peut être sûr qu'à ses yeux le résultat de cette question doit être un *gain* pour la ville de Paris et non une *perte*.

S'il s'élevait des doutes, les comptes des années suivantes, que je vais citer, les dissiperaient complétement.

Le compte de l'exercice 1842, rendu le 17 novembre 1843, contient ce qui suit :

« Je dois vous rappeler, Messieurs, que, par une
« délibération du 9 juillet 1841, vous avez émis le
« vœu que les remises attribuées à la ville sur la
« vente en gros dans les halles d'approvisionnement
« fussent converties en droits d'octroi, et qu'en même
« temps, vous avez augmenté de 850,000 fr. la somme
« à provenir de ces droits. Cette modification, dans le
« système de la perception, n'ayant point encore été
« autorisée par le Gouvernement, les recettes, en 1842,
« se sont opérées d'après les anciens tarifs en vi-
« gueur. »

Rien ne prouve, je pense, dans aucun des passages cités jusqu'ici, que le Conseil municipal crût perdre en demandant la conversion des droits.

En 1843, une perte est constatée sur le produit des droits que la ville prélève à la halle sur la volaille et le gibier. Le compte explique cette perte par ces paroles mémorables :

« *Il est hors de doute* que la perte qu'éprouve la
« ville à cet égard est due presque exclusivement *à*
« *ce que* LA PLUS BELLE PARTIE DE LA CONSOMMATION *trans*

« *portée directement à domicile ou chez les mar-*
« *chands de comestibles, est ainsi affranchie des*
« *droits de remise qu'elle payerait si elle était vendue*
« *sur le marché.* La conversion proposée serait un
« moyen efficace de ramener l'ordre dans la percep-
« tion, et IL EST A REGRETTER que des obstacles nom-
« breux n'aient pas encore permis de l'adopter. »

Je crois ce passage décisif en faveur de la cause
que je soutiens.

En 1844, une diminution est constatée sur les mêmes articles. Une explication analogue est donnée. Le
compte dit :

« Tout fait croire que *les apports à domicile sont*
« *la cause principale de la perte que la ville subit*
« *chaque année sur cette partie du revenu muni-*
« *cipal.* »

Pour cet exercice, du reste, comme pour celui de
l'année précédente, le compte constate qu'*aucune dé-
cision n'a encore été prise sur la délibération du Conseil municipal concernant la conversion en droits
d'octroi.*

De ces divers passages, il résulte que si quelqu'un
montrait un désir remarquable, obstiné, persévérant,
d'obtenir la conversion des droits de vente en droits
d'octroi, c'était le Conseil municipal. Son impatience
était si grande, son désir si connu et si prononcé, que
M. le Préfet de la Seine croyait de son devoir, à
chaque session, de rappeler l'état des choses, et d'ex-
primer son regret que le vœu du Conseil municipal
ne fût pas encore sanctionné par le Gouvernement

Pour montrer à la fois son désir bien formel, son espoir dans l'accomplissement de ce désir, le Conseil municipal avait soin, dans l'établissement de chaque budget, de porter, au chapitre de l'*octroi*, les recettes des articles dont la perception devait subir la *conversion*; il ne laissait au paragraphe des *halles* que les droits de place et de location. C'était montrer une volonté louable et persistante. Faut-il croire que cette volonté si ferme, que cette persévérance si grande, avaient pour mobile le désir de perdre 400,000 fr.? Le contraire résulte des faits que j'ai cités, des comptes que j'ai consultés. Le contraire résulte des actes mêmes du Conseil municipal. Ce corps vénérable défend trop bien les finances de la ville, il a pour les intérêts de ses commettants un respect trop profond, pour demander pendant cinq ans, pour désirer pendant onze ans, une mesure qui dût faire perdre la moindre chose à la ville. Le Conseil a demandé et s'est agité pour procurer un *gain* à la ville, pour accroître les recettes dont la gestion est confiée à sa sollicitude et à ses soins.

Vous le voyez, Monsieur le Rapporteur, ce n'est pas moi que je disculpe, c'est le Conseil municipal. C'est sa cause et la vôtre que je défends.

Le dernier compte connu, celui de 1845, déclare que le Gouvernement n'a pas encore statué sur le vœu émis par le Conseil municipal en 1841, et maintenu depuis.

Ce compte ne renferme du reste rien de saillant.

si ce n'est une augmentation de 74,000 francs sur les droits de vente.

Bien que cet accroissement de produit soit peu important, permettez-moi, Monsieur le Rapporteur, de m'y arrêter, pour faire une réflexion que je crois juste.

Le produit des droits de vente avait diminué, en 1841, de 99,413 fr. 10 c. En 1845, il a augmenté de 74,230 fr. 59 c. Cette fluctuation me suggère le rapprochement suivant :

L'administration financière de Paris est habile et éclairée. Elle opère sur un terrain connu. Elle opère avec les conseils du corps illustre dont vous faites partie. Toutefois, malgré le grand usage qu'elle a d'un mode de perception établi depuis fort longtemps ; malgré l'intervention précieuse des conseillers éminents qui l'assistent, elle ne prévoit jamais d'une manière exacte le produit des droits de vente. Quelquefois, comme en 1843, les recettes sont en baisse; quelquefois, comme en 1845, les recettes sont en hausse; jamais les recettes ne s'établissent sur le niveau fixé par l'administration de Paris. A mes yeux, rien de plus naturel; mais, en présence de résultats aussi variables, je me demande si quelqu'un peut faire ce qu'une administration aussi expérimentée, aussi capable et aussi bien conseillée que celle de Paris, ne peut pas faire. Je me demande si quelqu'un peut entreprendre une œuvre plus impossible encore que celle qu'essaye en vain la ville de Paris. Je me demande, en un mot, si un financier quelconque peut dire :

« Percevez à l'octroi les droits que vous percevez sur les quantités portées aux halles ;

« Percevez, de plus, à l'octroi, des droits analogues sur les quantités, aujourd'hui affranchies, qui sont transportées à domicile ;

« Ces deux perceptions faites, voici la situation : les quantités portées aux halles sont indéterminées, cela est vrai ! les quantités portées à domicile sont totalement inconnues, cela est encore vrai ! Qu'importe ? Il me suffit de dire que, tout calculé, vous aurez une perte, non pas de 400,000 fr., non pas de 440,000 fr., mais de 443,000 fr., pas un centime de plus, pas un centime de moins ! »

Je me demande si une pareille assertion est admissible. A mon sens, elle se réfute d'elle-même.

Mais, par qui donc a été fait le calcul de cette perte ? Examinons.

D'après le troisième paragraphe du passage de votre rapport que j'ai cité plus haut, le Conseil municipal aurait voté de nouveau, le 1er août 1845, la conversion des droits de vente en droits d'octroi. Ce vote aurait été émis *d'après les représentations de monsieur le Ministre des finances*. Je conclus de ce dernier fait, que le calcul n'a pas été fait par l'administration centrale des finances.

Cette administration est connue. Quand elle propose une nouvelle mesure financière, elle la présente sous les formes les plus engageantes et les plus favorables, pour que les parties intéressées l'adoptent sans répugnance. Elle excelle à couvrir d'un vernis seduisant des mesures souvent funestes. Je suis donc sûr qu'en essayant de décider la ville de Paris à convertir les droits de vente en droits d'octroi, cette administration n'a pas employé le mauvais argument suivant. Elle n'a pas dit à la Ville : « Convertissez les « droits de vente en droits d'octroi ; vous perdrez « 443,000 francs ! » Elle n'est pas assez maladroite pour agir ainsi.

Le calcul n'est donc pas fait par l'administration des finances.

Le calcul est fait par l'administration de la ville. Cela admis, j'ai, Monsieur le Rapporteur, sur l'exactitude du calcul, un doute très-grand, que je désire vous faire partager. Ce doute n'infirme du reste, en aucune manière, la capacité reconnue de l'administration de Paris.

Votre honorable et judicieux collègue, M. Horace Say, après avoir parlé des embarras qui empêchent d'avancer, depuis onze ans, la mesure de la conversion, écrit ces lignes, placées immédiatement après le passage cité plus haut :

« *Quelques optimistes de l'administration muni-* « *cipale* s'en réjouissent, en pensant à l'*accroisse-* « *ment d'embarras* que le *changement* aurait pu « créer pour l'octroi. »

Ainsi, tout ce qui entrave la mesure plaît aux *optimistes de l'administration ;* le *changement* les effraye. Engagés dans une ornière qu'ils connaissent bien, ils préfèrent s'y maintenir que d'aller sur un sentier battu, où ils craignent de trouver un *accrois-*

sement d'embarras. Il y a donc des résistances dans la place? Il y a donc une conspiration latente contre la mesure utile de la conversion des droits? Eh bien! n'est-il pas possible que la perte alléguée soit le fruit de ces résistances et de cette conspiration? Les financiers de la rue de Rivoli présentent sous un jour favorable les mesures qu'ils veulent faire voter, et sous un jour sinistre celles qu'ils veulent faire repousser. N'est-il pas possible qu'à leur exemple les financiers de l'hôtel de ville aient présenté sous un faux jour la mesure de la conversion? N'est-il pas possible qu'ils aient voulu prouver que la ville perdrait, pour faire repousser une mesure qu'ils détestent? Voilà mon doute, Monsieur le Rapporteur.

Je vous supplie de l'examiner; personne ne désire plus que moi de le voir éclairci et expliqué.

Si, après un examen approfondi, vous maintenez le troisième paragraphe de votre rapport cité plus haut, j'aurai, un jour, le profond regret de vous voir subir les conséquences du dilemme que je pose en finissant.

Le mode actuel de perception est contraire à l'esprit de nos lois communales. D'après vos propres expressions, il *n'est pas strictement conforme à la loi.* Tôt ou tard, ce mode sera donc changé. Après le changement, il arrivera ceci :

Ou la ville *perdra,* ou elle *gagnera.*

Si elle *gagne,* vous devrez vous frapper la poitrine comme Rapporteur, car comme tel vous aurez cru que la ville *perdrait.*

Si la ville *perd*, vous pourrez vous réjouir comme Rapporteur, mais vous devrez vous frapper la poitrine comme Conseiller municipal, car, comme tel, vous avez cru, pendant longtemps, que la ville *gagnerait*.

Voilà l'alternative fâcheuse où vous vous trouvez.

Ma situation, comme pétitionnaire, sera meilleure. Permettez-moi de le dire avec toute l'expansion confiante d'une âme sincère et d'un cœur convaincu :

Si la ville *gagne*, je me réjouirai, car mes prévisions se trouveront justes.

Si la ville *perd*, je me frapperai volontiers la poitrine à son intention, mais je me réjouirai comme citoyen; car tout citoyen doit être fier d'avoir soumis aux pouvoirs publics un projet conforme aux lois de son pays; tout citoyen doit être fier d'avoir opposé, à l'illégalité la loi, à l'arbitraire la justice, au privilége le droit commun !

J'ai la confiance, Monsieur le Rapporteur, que vous voudrez sortir du dilemme où j'ai eu la témérité de vous enfermer.

Cette témérité est bien grande ! La conviction qui m'anime l'excusera.

Recevez, Monsieur le Rapporteur, l'assurance de ma haute estime et de mon respect profond.

Hippolyte FAURE.

Paris, le 30 juin 1847.

www.ingramcontent.com/pod-product-compliance
Lightning Source LLC
LaVergne TN
LVHW012156170726
843503LV00009B/4207